宁波市工程建设地方细则

宁波市土工试验数字化管理细则

Detailed rules for digital management of geotechnical test in Ningbo

甬 DX/JS 020—2023

主编单位:宁波冶金勘察设计研究股份有限公司
参编单位:浙江省工程勘察设计院集团有限公司
宁波宁大地基处理技术有限公司
宁波市交通规划设计研究院有限公司
宁波华东核工业工程勘察院
浙江浙勘检测有限责任公司
批准部门:宁波市住房和城乡建设局
实施日期:2023 年 5 月 1 日

浙江工商大学出版社
ZHEJIANG GONGSHANG UNIVERSITY PRESS
·杭州·

图书在版编目(CIP)数据

宁波市土工试验数字化管理细则 / 宁波市住房和城乡建设局发布. —杭州：浙江工商大学出版社，2023.7

ISBN 978-7-5178-5568-2

Ⅰ. ①宁… Ⅱ. ①宁… Ⅲ. ①土工试验—数字化—工程管理—宁波 Ⅳ. ①TU41-39

中国国家版本馆 CIP 数据核字(2023)第 130055 号

宁波市土工试验数字化管理细则

NINGBO SHI TUGONG SHIYAN SHUZIHUA GUANLI XIZE

宁波市住房和城乡建设局 发布

责任编辑 张婷婷
责任校对 沈黎鹏
封面设计 朱嘉怡
责任印制 包建辉
出版发行 浙江工商大学出版社
(杭州市教工路 198 号　邮政编码 310012)
(E-mail:zjgsupress@163.com)
(网址:http://www.zjgsupress.com)
电话:0571-88904980,88831806(传真)
排　　版 杭州朝曦图文设计有限公司
印　　刷 杭州高腾印务有限公司
开　　本 850mm×1168mm　1/32
印　　张 2.5
字　　数 61 千
版 印 次 2023 年 7 月第 1 版　2023 年 7 月第 1 次印刷
书　　号 ISBN 978-7-5178-5568-2
定　　价 39.00 元

宁波市住房和城乡建设局文件

甬建发〔2023〕9号

宁波市住房和城乡建设局关于发布《宁波市土工试验数字化管理细则》的通知

各区（县、市）、开发园区住房城乡建设主管部门，各勘察、设计、审图等单位：

为科学引导和规范管理宁波市土工试验数字化工作，进一步提升宁波市工程勘察行业数字化管理水平，适应工程勘察数字化管理的要求，由宁波冶金勘察设计研究股份有限公司主编，浙江省工程勘察设计院集团有限公司、宁波宁大地基处理技术有限公司、宁波市交通规划设计研究院有限公司、宁波华东核工业工程勘察院、浙江浙勘检测有限责任公司等单位编制了《宁波市土工试验数字化管理细则》，经公开征求意见，并通过专家评审，现批准发布，编号为甬 DX/JS 020-2023，自 2023 年 5 月 1 日起执行。原《宁波市工程勘察土工试验室标准》（甬建发〔2015〕230 号）废止。

本细则由宁波市住房和城乡建设局负责管理和解释，电子文本可在宁波市住房和城乡建设局网站（http://zjw.ningbo.gov.cn)"网上办事"栏目"下载专区"下载。执行过程中的问题和建议请反馈至宁波市住房和城乡建设局科技设计处。

宁波市住房和城乡建设局

2023 年 3 月 3 日

宁波市住房和城乡建设局办公室　　2023 年 3 月 3 日印发

前　　言

根据宁波市住房和城乡建设局甬建办发〔2022〕11号文件的要求，由宁波冶金勘察设计研究股份有限公司主编，浙江省工程勘察设计院集团有限公司、宁波宁大地基处理技术有限公司、宁波市交通规划设计研究院有限公司、宁波华东核工业工程勘察院、浙江浙勘检测有限责任公司等单位参编，在广泛调查研究，认真分析总结宁波市土工试验数字化现状和经验，参照有关国家和地方规定的基础上，制定本细则。

为科学引导和规范管理宁波市土工试验数字化工作，进一步提升宁波市工程勘察行业数字化管理水平，适应工程勘察数字化管理的要求，编制组通过广泛征求勘察、施工图审查和建设管理部门的意见，经反复讨论、修改和完善，最终完成本细则。

本细则共分8章、5个附录和条文说明，内容包括：1.总则；2.术语；3.基本规定；4.人员管理；5.仪器设备管理；6.场所设施与环境；7.数据入库；8.预警；附录和条文说明。

本细则由宁波市住房和城乡建设局负责管理和解释。细则执行过程中的问题和建议可反馈至宁波市住房和城乡建设局科技设计处（地址：浙江省宁波市鄞州区松下街595号，邮编：315010），以便修编时参考。

主编单位：宁波冶金勘察设计研究股份有限公司

参编单位：浙江省工程勘察设计院集团有限公司

宁波宁大地基处理技术有限公司

宁波市交通规划设计研究院有限公司

宁波华东核工业工程勘察院

浙江浙勘检测有限责任公司

主要起草人：张俊杰　唐　江　潘永坚　张丽红
季君华　冯文轩　崔锦梅　李　莹
姚光明　刘振华
（以下按姓氏笔画排列）
王宏桃　王雨佳　牛吉强　毛晓慧
叶　薇　冯清波　朱国权　朱敢为
汤彬彬　孙　汉　李林江　吴爱梅
余启贵　张坤朋　陈　忠　陈寅艳
孟海玲　胡佳雨　唐　晋　唐晓晖
盛初根　彭　娟　楼一鼎　潘旭东
主要审查人：蒋建良　蔡伟忠　戚剑虹　陈世锋
周　波　张　寒

目　次

1 总　则

1.0.1 为规范宁波市工程勘察土工试验数字化管理，促进工程勘察数字化的运用和发展，确保土工试验质量，做到技术先进、保护环境，制定本细则。

1.0.2 本细则适用于宁波市房屋建筑和市政基础设施的岩土工程勘察土工试验数字化管理工作，其他行业可参照执行。

1.0.3 土工试验数字化管理工作应满足试验室场所、人员、仪器设备、场所设施与环境的相关要求。

1.0.4 宁波市工程勘察土工试验数字化工作除应符合本细则外，尚应符合国家、行业和地方现行规范、标准的规定。

2 术 语

2.0.1 土工试验数字化管理 digital management of geotechnical test

将土工试验中仪器设备、人员、场所设施与环境、试验数据管理转化为数字信息并进行监控管理的过程。

2.0.2 样品接收 receive sample

对送检岩样、土样、水样进行接收与登记的活动。

2.0.3 送样单(委托单) sample presentation

记载委托送检岩样、土样、水样的信息并以此进行试验的表单。

2.0.4 标准物质 reference material

一种已经确定了具有一个或多个足够均匀的特性值的物质或材料。

2.0.5 检定 verification

由法定计量部门或法定授权组织按照检定规程,通过实验,提供证明,来确定测量器具的示值误差满足规定要求的活动。

2.0.6 校准 calibration

在规定条件下,为确定计量仪器或测量系统的示值,或实物量具或标准物质所代表的值,与相对应的被测量的已知值之间关系的一组操作。

2.0.7 自校 internal calibration

由试验室内部组织,使用自有仪器设备和作业指导书,校准结果仅用于内部需要,为实现获认可的检测活动相关的测量设备的量值溯源而实施的校准。

2.0.8 有效性评价 validity evaluation

对完成检定或校准活动和达到检定或校准结果程度进行分析、判断的活动。

2.0.9 期间核查 intermediate checks

为保持对设备使用状态的可信度，在两次检定或校准之间进行核查的活动。

2.0.10 样品区 sample area

存放样品的区域。

2.0.11 实时监控 real time monitoring

对试验过程采用视频同步记录的活动。

2.0.12 原始数据 raw data

试验过程中，客观、真实地记录试验过程信息所形成的文件。

2.0.13 成果数据 results data

土工试验原始数据按照规范、规程或标准进行计算和统计分析形成的文件。

2.0.14 数据入库 data uploading

将土工试验人员信息、设备信息、场所环境信息以及试验原始数据和成果数据上传到数字化监管系统的活动。

2.0.15 标识 sign

用来识别仪器设备、样品、标准物质等相关信息的标签。

2.0.16 场所设施与环境 site facilities and environment

为满足试验、安全和职业健康等要求，具备与其相适应的场地和空间，以及控制试验区域的温度、湿度、粉尘、噪声等环境条件而配备的设施。

3 基本规定

3.0.1 土工试验室应根据试验项目的要求、项目类型、工作量，配备相应的土工试验场所设施与环境、试验人员、仪器设备。

3.0.2 从事试验活动的试验室及其试验人员应遵守国家相关法律法规的规定，遵循客观独立、公平公正、诚实守信原则，确保试验数据及结果真实、可靠。

3.0.3 土工试验室应根据勘察项目试验要求和指定的规范、规程或标准及送样单的要求开展土工试验工作。

3.0.4 土工试验工作开展前，试验室应进行岩、土、水样品的接收登记工作和送样单的交接工作，试验前应对试验人员进行身份验证。

3.0.5 土工试验成果数据应经土工试验审核人审核，相关责任人应在原始记录和成果数据表中签字。

3.0.6 土工试验原始数据和成果数据应及时入库，确保土工试验数据的真实、可靠。

3.0.7 宁波市工程勘察土工试验室实行分类管理制度，分为一类土工试验室和二类土工试验室，办法执行本细则附录 A 的规定。

3.0.8 土工试验室数字化管理流程应符合本细则附录 B 的规定。

3.0.9 土工试验室人员、仪器设备、场所设施与环境等信息应按附录 C 登记或评价，并以电子表格形式上传至工程勘察质量监管系统。

4 人员管理

4.1 人员基本配备

4.1.1 试验室人员包括技术负责人、审核人、试验人员。试验人员应具备所需的专业知识、经验及岗位能力。

4.1.2 土工试验室的试验人员组成应满足附录 A 表 A.0.1 的相应要求。

4.1.3 试验人员不得同时在两家及以上土工试验室从事试验工作。

4.2 土工试验室技术负责人

4.2.1 应具有全面的专业知识，具备对试验全过程进行技术指导和解决技术问题的能力。

4.2.2 一类土工试验室技术负责人从事土工试验工作年限不少于 5 年，并具备高级工程师及以上职称或获取工程师职称后从事土工试验工作年限不少于 8 年，承担甲级勘察项目土工试验工作不少于 2 项；二类土工试验室技术负责人从事土工试验工作年限不少于 5 年，并具备工程师及以上职称。

4.2.3 应熟练掌握土工试验的相关技术标准以及相关的法律法规。

4.2.4 应熟悉土工试验室相关试验仪器的操作并具备管理能力。

4.2.5 应具备对检定或校准证书的评价能力。

4.3 土工试验室审核人

4.3.1 应熟练掌握土工试验的相关技术标准以及相关的法律法规。

4.3.2 一类土工试验室审核人需从事土工试验工作年限不少于5年,并具备工程师及以上职称;二类土工试验室审核人需从事土工试验工作年限不少于3年,并具备工程师及以上职称。

4.3.3 应熟悉土工试验室相关试验仪器的操作。

4.3.4 应具备对试验数据的审核能力。

4.4 试验人员

4.4.1 试验人员应熟悉试验项目相关技术标准。

4.4.2 应具备试验仪器的操作及维护保养的能力。

4.4.3 试验人员应进行专业理论知识和技能培训。

4.4.4 进行水质分析试验的土工试验室至少应配备1名所学专业为化学分析的试验人员。

4.4.5 试验人员、校核人员应具备对试验数据的整理、校对能力。

5 仪器设备管理

5.1 仪器设备配置

5.1.1 仪器设备包括水、土、岩石试验所需的试验设备、标准物质、辅助仪器设备。

5.1.2 土工试验室应根据试验室类别配备相应数字化采集功能的仪器设备，数字化仪器设备应按表5.1.2配备。

表5.1.2 数字化仪器设备配备表

序号	试验项目或仪器设备	试验室类别		备注
		一类	二类	
1	天平	√	√	—
2	固结试验	√	√	含高压固结试验
3	直接剪切试验	√	√	—
4	渗透试验	√	—	—
5	无侧限抗压强度试验	√	—	—
6	三轴压缩试验	√	—	—
7	岩石抗压强度试验	√	—	—

5.1.3 仪器设备应满足试验精度和量程要求。

5.2 仪器设备台账

5.2.1 土工试验室应建立仪器设备台账。

5.2.2 设备台账中应包括仪器设备名称、规格型号、制造厂商、出厂编号、仪器设备编号、检定周期、检定或校准日期、仪器设备保管人等内容。

5.2.3 土工试验室应制定仪器设备编号原则，对所有仪器设备进行编号，编号应具备唯一性。

5.2.4 仪器设备宜按下列格式进行编号：土工试验室代码-仪器设备代码-仪器设备编号。

5.2.5 仪器设备应设置管理标识，标识内容包括仪器设备编号、仪器设备名称、规格型号、检定或校准信息、使用状态、仪器设备保管人。

5.3 仪器设备检定/校准

5.3.1 土工试验室应对影响试验结果的仪器设备，包括用于监测环境条件的仪器设备，进行检定或校准，检定或校准证书以 PDF 格式上传。常用仪器设备校准要求应符合本细则附录 D 的规定。

5.3.2 土工试验室使用的仪器设备应在检定或校准的有效期内，并满足试验要求。

5.3.3 检定、校准工作应委托具备相应资质的机构进行。

5.3.4 应对仪器设备的检定、校准证书按附录 C 表 C.0.3 进行有效性评价，以确认满足试验要求。

5.3.5 当需要利用期间核查以保持设备校准状态的可信度时，土工试验室应在仪器设备检定、校准的有效期内进行期间核查。

5.3.6 停用或修理后的仪器设备，启用前应重新进行检定、校准和有效性评价，评价合格的方可投入使用。

5.3.7 土工试验室应对标准物质进行期间核查，保证其有效性。

6 场所设施与环境

6.1 场所设施

6.1.1 土工试验室应提供健康安全的试验场所和设施，防止对试验人员造成与工作相关的伤害和健康损害。

6.1.2 土工试验室场所设施应满足附录 A 表 A.0.1 的要求。

6.1.3 土工试验室应具有固定的试验场所，试验场所应包括样品区、试样制备区、试验区和办公区，区域应布局合理，试验区应禁止无关人员进入。

6.1.4 对产生粉尘的试验场所，应配备通风、防尘设施。

6.1.5 对振动较大的设备，应有减振、隔离设施。

6.1.6 对高温加热设备，应有防止灼伤设施。

6.1.7 土工试验室应配备具有记录和远程实时查看功能的监控摄像装置，监控应覆盖土工试验室试样制备区。

6.1.8 土工试验室应配置具有人脸识别功能的身份验证设备。

6.2 场所环境

6.2.1 土工试验室应执行相关环境保护规定，并保持清洁卫生，规范整齐。

6.2.2 试验区环境应满足以下要求：

1 室内试验仪器应在下列环境范围内保证其测量的准确度：

1）温度：20 ℃±5 ℃

2）相对湿度：＜80％

2 室内试验仪器应在下列环境范围内保证其正常工作：

1)温度:0 ℃～40 ℃

2)相对湿度:<85%

6.3 危险化学试剂管理

6.3.1 涉及有危险化学用品的土工试验室应建立相应管理制度。

6.3.2 危险化学试剂应贮藏于试剂室的专柜中，按试剂类型分类存放，并采取相应的安全措施。

6.3.3 危险化学试剂应采用双人双锁专人保管，并建立试剂台账。

6.3.4 危险化学试剂领用时，应经负责人审批，试剂管理员根据审批单发放危险化学试剂，并填写领用登记表。

6.3.5 试剂管理员应在试验过程中对危险化学试剂的使用进行监管。

6.3.6 试验时产生及残留的有害废液应及时处理。

6.3.7 超过有效期、性状发生改变不能用于试验、标签丢失的危险化学试剂和试验产生及残留的有害废液应委托有相应资质的企业进行处理，并做好记录。

7 数据入库

7.1 样品登记

7.1.1 送样人应完整填写送样单。

7.1.2 送样单的内容应包括工程名称、工程编号、送样单位、送样人、联系方式、样品编号、取样起止深度、取样人、土样类型、测试项目、执行标准，送样单格式应符合附录E表E.0.2～E.0.4的规定。

7.1.3 土工试验室接到委托任务后，应核对送样单信息与样品信息，条件满足后确认接收样品，并由试验方签字确认。

7.1.4 样品接收后应进行登记。

7.2 开样数据

7.2.1 土工试验室应将开样视频在开样当天上传，视频信息应包含该批次土样的工程名称、勘探孔号、单孔土样数量及试验日期信息。

7.2.2 土工试验室应对每日试验的开样数量按表7.2.2统计登记，并以电子表格形式上传。

表7.2.2 土样开样登记表

开样日期	试验室	工程编号	工程名称	开样人	勘探孔号	土样数量

7.2.3 土工试验室对试验区的开样过程进行实时监控，记录保存应不少于90日。

7.3 原始数据入库

7.3.1 含水率试验数据入库应符合下列规定，并上传至工程勘察质量监管系统。

1 含水率试验记录表基本信息包括试验室工程编号、仪器编号、仪器状况、执行标准、试验编号、盒号、湿土质量、干土质量。

2 记录表责任签中应包括试验者、校核者、试验日期。

3 含水率试验应进行不少于两次平行测定。

4 试验称量原始数据应准确至0.01 g。

5 试验原始数据表应符合附录E表E.0.6规定。

7.3.2 密度试验数据入库应符合下列规定，并上传至工程勘察质量监管系统。

1 密度试验记录表基本信息包括：试验室工程编号、仪器编号、仪器状况、执行标准、试验编号、环刀号、湿土质量。

2 记录表责任签中应包括试验者、校核者、试验日期。

3 密度试验应进行不少于两次平行测定。

4 试验称量原始数据应准确至0.1 g。

5 试验原始数据表应符合附录E表E.0.6规定。

7.3.3 比重试验数据入库应符合下列规定，并上传至工程勘察质量监管系统。

1 比重瓶法

1)比重试验记录表基本信息包括：试验室工程编号、仪器编号、仪器状况、执行标准、试验编号、比重瓶号、温度、液体比重、干土质量、比重瓶液体总质量、比重瓶液体土总质量、颗粒比重、平均比重。

2)记录表责任签中应包括试验者、校核者、试验日期。

3)比重试验应进行二次平行测定。

4)试验称量原始数据应准确至0.001 g。

5)试验原始数据表应符合附录E表E.0.7规定。

2 经验法

1)比重可采用土粒比重经验值。

2)土粒比重经验值应按表7.3.3选取：

表7.3.3 土粒比重经验值表

土的类别及名称		按塑性指数	按颗粒组成百分比	比重
黏性土	黏土	$I_P>24$	—	2.76
		$20<I_P\leqslant24$		2.75
		$17<I_P\leqslant20$		2.74
	粉质黏土	$14<I_P\leqslant17$	—	2.73
		$10<I_P\leqslant14$		2.72
粉土	黏质粉土	$7<I_P\leqslant10$	$10\%<d_{0.005}\leqslant15\%$	2.71
	砂质粉土	$3<I_P\leqslant7$	$d_{0.005}\leqslant10\%$	2.70
砂土	粉砂	—	$50\%<d_{0.075}\leqslant85\%$	2.69
	细砂		$85\%<d_{0.075}$	2.68
	中砂		$50\%<d_{0.25}$	2.67
	粗砂		$50\%<d_{0.50}$	2.66

注：1.本表仅适用于有机质含量小于、等于5%的土；

2. $d_{0.005}$、$d_{0.075}$、$d_{0.25}$、$d_{0.50}$分别表示粒径<0.005 mm、粒径>0.075 mm、粒径>0.25 mm、粒径>0.50 mm的百分含量。

3)对特殊类土和有机质含量大于5%的土样应采用比重瓶法进行实测。

7.3.4 界限含水率试验数据入库应符合下列规定，并上传至工程勘察质量监管系统。

1 液、塑限联合测定仪法

1)记录表基本信息包括试验室工程编号、仪器编号、仪器状况、执行标准、试验编号、圆锥下沉深度及对应含水率、盒号、湿土质量、干土质量、液限、塑限、塑性指数。

2)记录表责任签中应包括试验者、校核者、试验日期。

3)试验称量原始数据应准确至 0.01 g。

4)试验原始数据表应符合附录 E 表 E.0.8 规定。

2 滚搓塑限法

1)记录表基本信息包括试验室工程编号、仪器编号、仪器状况、执行标准、试验编号、盒号、湿土质量、干土质量、液限、塑限。

2)记录表责任签中应包括试验者、校核者、试验日期。

3)试验称量原始数据应准确至 0.01 g。

4)试验原始数据表应符合附录 E 表 E.0.9 规定。

7.3.5 固结试验数据入库应符合下列规定,并上传至工程勘察质量监管系统。

1 固结试验记录表基本信息包括试验室工程编号、仪器编号、仪器状态、试验编号、执行标准、试验方法。

2 记录表责任签中应包括试验者、校核者、试验日期。

3 试验原始数据应包含压力、历时、百分表读数,百分表读数应准确至 0.001 mm。

4 试验原始数据表应符合附录 E 表 E.0.10 规定。

7.3.6 直接剪切试验数据入库应符合下列规定,并上传至工程勘察质量监管系统。

1 直接剪切试验记录表基本信息包括试验室工程编号、仪器编号、仪器状态、试验编号、执行标准、应力环系数。

2 记录表责任签中应包括试验者、校核者、试验日期。

3 试验原始数据应包含剪切速率、压力序列、剪切方法、百分表读数,百分表读数应准确至 0.001 mm。

4 试验原始数据表应符合附录 E 表 E.0.11 规定。

7.3.7 颗粒分析试验数据入库应符合下列规定,并上传至工程勘察质量监管系统。

1 颗粒分析试验记录表基本信息包括试验室工程编号、仪器编号、仪器状态、试验编号、执行标准。

2 记录表责任签中应包括试验者、校核者、试验日期。

3 筛析法试验原始数据应包含试样总质量、细筛分质量、粒径、留筛土质量。试验称量精度满足下表要求：

表 7.3.7-1 筛析法试验称量精度表

最大粒径	试样总质量(g)	记录项目	称量准确至(g)
小于 2 mm	100～300	留筛土质量	0.1
小于 10 mm	300～1000	留筛土质量	1
小于 20 mm	1000～2000	留筛土质量	1
小于 40 mm	2000～4000	留筛土质量	1
小于 60 mm	4000 以上	留筛土质量	1

4 密度计法试验原始数据应包含干土质量、筛径、留筛土质量、测读时间、温度、密度计读数。

表 7.3.7-2 密度计法试验精度表

记录项目	读数准确至
留筛土质量	0.1 g
温度	0.5 ℃
甲种密度计	0.5
乙种密度计	0.0002

5 试验原始数据表应符合附录 E 表 E.0.12 或表 E.0.13 规定。

7.3.8 三轴压缩试验数据入库应符合下列规定，并上传至工程勘察质量监管系统。

1 三轴压缩试验记录表基本信息包含试验室工程编号、试样编号、试验方法、仪器编号、测力计率定系数、试样高度、试样直径、试样质量、围压 σ_3、剪切速率，CU 试验还应包括固结后土质量及固结后排水量。

2 记录表责任签中应包括试验者、校核者、试验日期。

3　试验原始数据应包含应力-应变曲线。

4　试验原始数据表应符合附录E表E.0.14规定。

7.3.9　无侧限抗压强度试验数据入库应符合下列规定，并上传至工程勘察质量监管系统。

1　无侧限抗压强度试验记录表基本信息包括试验室工程编号、仪器编号、仪器状态、试样编号、执行标准、测力计率定系数、试样高度、试样直径、试样质量、土样结构。

2　记录表责任签中应包括试验者、校核者、试验日期。

3　试验原始数据应包含轴向变形量表读数(或手轮转数)、测力计读数。

4　试验原始数据表应符合附录E表E.0.15规定。

7.3.10　渗透试验数据入库应符合下列规定，并上传至工程勘察质量监管系统。

1　渗透试验记录表基本信息应包括工程编号、仪器编号、仪器状态、试样编号、执行标准、试样长度、试样方向、测压管断面积、试样面积。

2　记录表责任签中应包括试验者、校核者、试验日期。

3　变水头法试验原始数据应包含试验起始时间、终了时间、起始水头、终了水头、试验水温。

4　常水头法试验原始数据应包含试验起始时间、终了时间、起始水头、终了水头、试验水温、各测压管水位、渗透水量、测压孔间距。

5　试验原始数据表应符合附录E表E.0.16或表E.0.17规定。

7.3.11　有机质试验数据入库应符合下列规定，并上传至工程勘察质量监管系统。

1　重铬酸钾法有机质试验

1)有机质试验原始记录表基本信息包括试验室工程编号、执行标准、试验编号。

2)记录表责任签中应包括试验者、校核者、试验日期。

3)试验原始记录应包含烘干后土样质量、标准溶液消耗量、空白消耗量、标准溶液标定值。

4)试验原始数据表应符合附录 E 表 E.0.18 规定。

2 烧(灼)失量法有机质试验

1)有机质试验原始记录表基本信息包括试验室工程编号、仪器编号、仪器状态、试验编号、坩埚号、烧前土加坩埚质量、烧后土加坩埚质量。

2)记录表责任签中应包括试验者、校核者、试验日期。

3)试验原始数据表应符合附录 E 表 E.0.19 规定。

7.3.12 水分析试验数据入库应符合下列规定,并上传至工程勘察质量监管系统。

1 水质分析原始记录表基本信息包括试验室工程编号、仪器编号、温湿度记录、检测标准、分析编号。

2 记录表责任签中应包括试验者、校核者、试验日期。

3 试验原始记录应包含水样分析取样体积、稀释倍数、标准溶液浓度、滴定消耗量、比色吸光度值、空白值、标准曲线信息。

7.3.13 岩石抗压强度试验数据入库应符合下列规定,并上传至工程勘察质量监管系统。

1 岩石抗压强度试验原始记录表基本信息包括工程名称、试验室工程编号、仪器编号、试验编号。

2 记录表责任签中应包括试验者、校核者、试验日期。

3 试验原始记录应包含岩样定名、岩石状态、试样尺寸、破坏荷载。

4 试验原始数据表应符合附录 E 表 E.0.20 规定。

7.4 成果数据入库

7.4.1 成果数据入库格式为 Excel,并应符合附录 E 表 E.0.21 规定。

7.4.2 成果数据验收应符合下列规定：

1 成果数据应经土工试验室审核人审核，签字确认后上传。

2 工程勘察项目负责人应对土工试验质量进行验收，符合要求后方可使用。

7.5 数据文件管理

7.5.1 土工试验室在试验项目完成后应将原始数据按工程项目上传，项目多批次试验的，尚需按批次上传，设置文件夹名称为“工程编号＋批次编号”。

7.5.2 同一批次文件夹内按照试验项目设置子文件夹，其编号按表7.5.2执行。

表7.5.2 子文件夹编号表

子文件夹编号	记录名称	子文件夹编号	记录名称
01	土样描述记录	08	颗粒分析试验记录
02	物性试验记录	09	三轴压缩试验记录
03	比重试验记录	10	无侧限抗压强度试验记录
04	界限含水率试验记录	11	渗透试验记录
05	液限、塑限试验记录	12	有机质试验记录
06	固结试验记录	13	水分析试验记录
07	直接剪切试验记录	14	岩石抗压强度试验记录

7.5.3 成果数据应按工程项目上传，项目多批次试验的，尚需按批次上传，上传数据应按批次设置文件名，文件名与上传的原始数据文件夹名称一致。

7.5.4 试验原始数据表应信息完整，并采用统一格式，数据格式为Excel或TXT。

8 预警

8.0.1 主管部门通过工程勘察质量监管系统自动识别或人工后台查看等多种方式对土工试验室在工程勘察质量监管系统中提交的相关信息执行情况的符合性进行判别，不定期对土工试验信息进行统计，对发现的异常情况进行预警。

8.0.2 下列情况应预警：

1 仪器设备台账不完整，仪器检定或校准证书不在有效性内，有效性评价不齐全。

2 人员配备不满足试验室人员配置要求，试验人员、审核人员与身份验证人不一致。

3 试验场所设施与环境不符合要求。

4 原始数据中土样数量大于开样数量。

5 成果数据中土样数量大于原始数据中土样数量。

附录A　宁波市工程勘察土工试验室分类管理标准

为进一步规范宁波市勘察市场秩序，加强勘察质量的动态监管力度，消除工程建设的质量隐患，提高土工试验数字化程度，根据住房和城乡建设部《建设工程勘察质量管理办法》《工程勘察资质标准》、浙江省《建设工程勘察土工试验质量管理规范》(DB 33/T 1161)和数字浙江发展要求，确保勘察工程能够获取真实、准确、可靠的土工试验数据，结合宁波市工程勘察数字化管理和土工试验室实际情况，对宁波市(含外地进入宁波市的勘察企业)工程勘察土工试验室实行分类管理。

一、分类标准

宁波市工程勘察土工试验室分为两类，即一类土工试验室和二类土工试验室。

一类土工试验室应是工程勘察综合类资质或岩土工程勘察专业类甲级资质企业的土工试验室，并具有相当规模的土工试验人员、场地设施和环境以及自动化试验仪器设备，满足工程勘察数字化土工试验要求，并通过省级及省级以上资质认定。

二类土工试验室应是岩土工程勘察专业类资质的土工试验室，并具有一定规模的工程勘察土工试验人员、场地设施和环境，以及自动化试验仪器和设备，基本满足工程勘察数字化土工试验要求。

工程勘察土工试验室具体分类标准详见“表A.0.1　宁波市工程勘察土工试验室分类管理标准”。

二、管理要求

1. 宁波市工程勘察土工试验室实行分类管理。经自主申报和综合考评,符合一类、二类土工试验室标准条件的土工试验室,可在宁波市开展工程勘察土工试验工作。

2. 宁波市住房和城乡建设行政主管部门将根据实际考评结果定期予以公布,并颁发相应类别的土工试验室专用章(土工试验室专用章样章见表A.0.3)。

3. 工程勘察土工试验室应严格遵循诚实守信原则开展土工试验工作,并建立与试验室规模、试验项目相适应的管理制度,确保试验数据和试验结果的真实性、客观性、可追溯性。

4. 工程勘察土工试验室应在宁波市建设工程数字化监管系统报备试验室名称、地址、仪器设备、人员、场所设施与环境等信息。

5. 工程勘察土工试验室在进行工程勘察项目的土工试验时,应按本细则要求及时将项目信息、试验的原始数据、审核结果、成果数据等按要求上传至宁波市建设工程数字化监管系统,并应在完成的工程勘察报告、土工试验成果表中加盖土工试验室专用章。

6. 为其他企业的工程勘察项目提供土工试验服务的土工试验室应取得省级及省级以上检验检测机构资质认定证书;未取得省级及省级以上检验检测机构资质认定证书的土工试验室,不得对外承接土工试验业务。

7. 对暂时不满足本分类标准的宁波市(含外地进入宁波市的勘察企业)工程勘察土工试验室,允许其有二年的过渡期,以创建满足本分类标准的试验室,过渡期内可在宁波市开展土工试验工作;二年过渡期满后,仍不能满足本分类标准要求的土工试验室不得开展土工试验工作。

8. 对宁波市(含外地进入宁波市的勘察企业)新设立的工程

勘察土工试验室，应按本办法进行申请和考核，取得相应类别的土工试验室资格。

9. 未能取得宁波相应类别的土工试验室资格的工程勘察企业，应与宁波市取得省级及省级以上检验检测机构资质认定证书的土工试验室签订委托合同，并由被委托试验室进行土工试验，土工试验成果应同时加盖被委托试验室的土工试验室专用章及CMA专用章后方可使用。

10. 工程勘察土工试验室试验人员应定期参加岗前培训或继续教育。

11. 各工程勘察企业，应认真对照“表A.0.1　宁波市工程勘察土工试验室分类管理标准”，做好相应类别土工试验室的申报工作，按照标准完善土工试验室技术负责人、审核人、试验人员和仪器设备等。

附件：1. 宁波市工程勘察土工试验室分类管理标准
2. 宁波市工程勘察土工试验室申请表
3. 土工试验室专用章样章

表 A.0.1 宁波市工程勘察土工试验室分类管理标准

内容 \ 指标 \ 类别				一类土工试验室	二类土工试验室
资　历				工程勘察综合类资质或岩土工程勘察专业类甲级资质及以上	岩土工程勘察专业类资质
实际使用面积				400 m^2 以上	100 m^2 以上
仪器设备	1	固结仪	（高压）	自动化数据采集 30 通道及以上	自动化数据采集 10 通道及以上
			（中低压）	自动化数据采集 100 通道及以上	自动化数据采集 30 通道及以上
	2	应变控制式直剪仪		自动化数据采集 8 通道及以上	自动化数据采集 4 通道及以上
	3	12 联土样预压仪		8 台(套)(或相当数量)	2 台(套)(或相当数量)
	4	无侧限压缩仪		自动化数据采集 2 台及以上	1 台及以上
	5	应变控制式三轴仪(静)		自动化数据采集 6 台及以上	—
	6	电热恒温鼓风干燥箱		4 台(套)	2 台(套)
	7	颗粒分析		标准筛、土壤密度计或移液管各 2 套以上	标准筛、土壤密度计或移液管各 1 套
	8	电子天平		自动化数据采集 1/100 精度 4 台 自动化数据采集 1/1000 精度 2 台 自动化数据采集 1/10000 精度 1 台	自动化数据采集 1/100 精度 2 台 自动化数据采集 1/1000 精度 1 台
	9	渗透仪		自动化数据采集 10 台(套)	5 台(套)
	10	箱式电阻炉		1 台(套)	—
	11	击实仪(重型)		1 台(套)	—
	12	静止侧压力 K_0 试验仪		自动化数据采集 4 台(套)	—
	13	电脑、软件		有相匹配的电脑及专业软件	有相匹配的电脑及专业软件
	14	岩石		自动化数据采集的压力试验机 1 台加压 150 T 以上，岩石三轴仪、岩石点荷载仪各 1 台	—
				切片机 1 台	—
				磨片机 1 台	—

续　表

内容		指标 类别	一类土工试验室	二类土工试验室
仪器设备	15	水分析	有配套的检测仪器(火焰光度计或原子吸收、酸度计、分光光度计及相应的标准物质)	—
人员要求		技术负责人	1.从事土工试验工作年限不少于5年,并具备高级工程师及以上职称或获取工程师职称后从事土工试验工作年限不少于8年; 2.承担甲级勘察项目土工试验工作不少于2项	从事土工试验工作年限不少于5年,并具备工程师及以上职称
		审核人	从事土工试验工作年限不少于5年,并具备工程师及以上职称	从事土工试验工作年限不少于3年,并具备工程师及以上职称
		试验人员	1.土工试验人员不少于12人,退休返聘人员不超过总人数的三分之一; 2.试验人员需持有岗前培训合格证书; 3.水分析检测人员中至少有1人为化学分析专业	1.土工试验人员不少于3人; 2.试验人员需持有岗前培训合格证书
管理制度			有健全的质量保证体系和完善的质量及档案管理制度	有健全的质量保证体系和完善的质量及档案管理制度
业绩及信誉			近2年完成过2项甲级以上勘察项目的土工试验工作,无不良诚信记录	—
资质认定			通过省级及省级以上检验检测机构资质认定证书	—

注:通过省级及省级以上检验检测机构资质认定,并且符合一类试验室标准,方可承接外部样品。

表 A.0.2 宁波市工程勘察土工试验室申请表

宁波市工程勘察土工试验室申请表

申请企业：________________（公章）

申请日期：____年____月____日

企业基本情况

<table>
<tr><td>单位名称</td><td colspan="4"></td></tr>
<tr><td>通信地址</td><td colspan="4"></td></tr>
<tr><td>法定代表人</td><td></td><td colspan="2">职　务</td><td></td></tr>
<tr><td>邮政编码</td><td></td><td colspan="2">联系电话</td><td></td></tr>
<tr><td>勘察资质等级</td><td></td><td colspan="2">资质证书编号</td><td></td></tr>
<tr><td>土工试验室名称</td><td colspan="4"></td></tr>
<tr><td>试验室负责人</td><td></td><td colspan="2">职　称</td><td></td></tr>
<tr><td>试验室技术负责人</td><td></td><td colspan="2">职　称</td><td></td></tr>
<tr><td>试验室总人数</td><td>人</td><td colspan="2">试验室使用面积</td><td>平方米</td></tr>
<tr><td colspan="5">土工试验室业绩</td></tr>
<tr><td>序号</td><td>项目名称</td><td>勘察等级</td><td>完成时间</td><td>备注</td></tr>
<tr><td></td><td></td><td></td><td></td><td></td></tr>
<tr><td></td><td></td><td></td><td></td><td></td></tr>
<tr><td></td><td></td><td></td><td></td><td></td></tr>
<tr><td></td><td></td><td></td><td></td><td></td></tr>
<tr><td></td><td></td><td></td><td></td><td></td></tr>
<tr><td></td><td></td><td></td><td></td><td></td></tr>
</table>

土工试验室技术负责人基本情况

<table>
<tr><td>姓名</td><td></td><td>性别</td><td></td><td>年龄</td><td></td><td rowspan="3">照片</td></tr>
<tr><td>职务职称</td><td></td><td>执业资格</td><td></td><td>学历</td><td></td></tr>
<tr><td>毕业院校
及专业</td><td colspan="3"></td><td>毕业年份</td><td></td></tr>
<tr><td colspan="7">主要工作简历</td></tr>
</table>

起止时间	工作单位	技术岗位	证明人及电话

主要工作业绩

序号	项目名称	起止时间	本人所起作用	项目完成单位	证明人及电话

土工试验室审核人基本情况

<table>
<tr><td>姓名</td><td></td><td>性别</td><td></td><td>年龄</td><td></td><td rowspan="3">照片</td></tr>
<tr><td>职务职称</td><td></td><td>执业资格</td><td></td><td>学历</td><td></td></tr>
<tr><td>毕业院校
及专业</td><td colspan="3"></td><td>毕业年份</td><td></td></tr>
</table>

<table>
<tr><td colspan="4">主要工作简历</td></tr>
<tr><td>起止时间</td><td>工作单位</td><td>技术岗位</td><td>证明人及电话</td></tr>
<tr><td></td><td></td><td></td><td></td></tr>
</table>

<table>
<tr><td colspan="6">主要工作业绩</td></tr>
<tr><td>序号</td><td>项目名称</td><td>起止时间</td><td>本人所起作用</td><td>项目完成单位</td><td>证明人及电话</td></tr>
<tr><td></td><td></td><td></td><td></td><td></td><td></td></tr>
</table>

专职试验人员概况

序号	姓名	性别	年龄	职称	从事测试工作年限	是否退休

主要仪器设备清单

序号	名　称	是否自动采集	数量

续　表

<table>
<tr><td>申请意见及申请类别：

（盖章）
年　月　日</td></tr>
<tr><td>宁波市住房和城乡建设行政主管部门审查意见：

（盖章）
年　月　日</td></tr>
</table>

表 A.0.3 土工试验室专用章样章

土工试验室专用章样章

1.一类土工试验室专用章样章

宁波市工程勘察土工试验室专用章			
×××试验室			
类别	一类	编号	NB-×××
有效期至××××年××月××日			
宁波市住房和城乡建设局监制			

2.二类土工试验室专用章样章

宁波市工程勘察土工试验室专用章			
×××试验室			
类别	二类	编号	NB-×××
有效期至××××年××月××日			
宁波市住房和城乡建设局监制			

附录B 宁波市土工试验数字化管理流程图

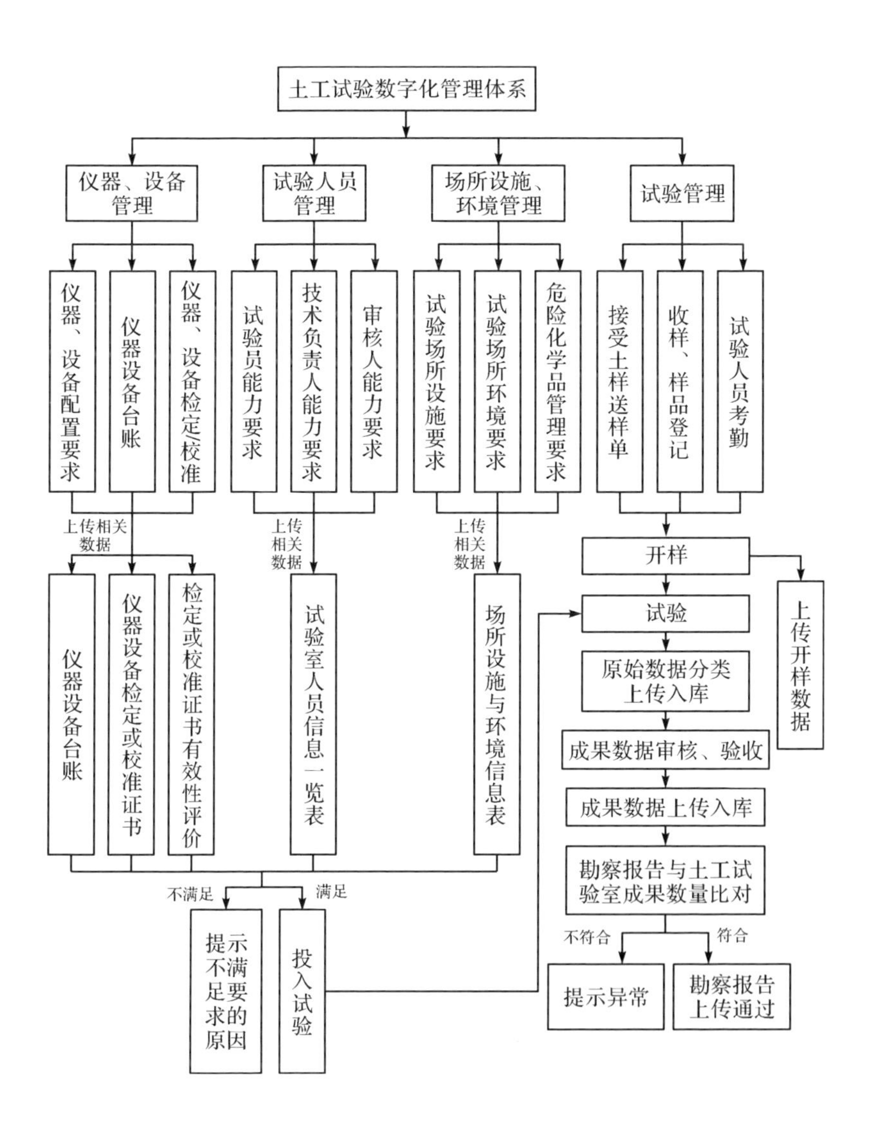

附录C 试验室基本信息上传表格

表 C.0.1 土工试验室人员信息一览表

序号	姓名	性别	身份证号码	文化程度	职称	职务	所学专业	从事专业	上岗证号	证书有效期	工作年限
单位名称:			编制:			审核:			日期:		

表 C.0.2 仪器设备管理台账

序号	仪器设备编号	仪器设备名称	出厂编号	规格型号	制造厂商	购入日期	检定周期	最近检定/校准日期	检定/校准机构	保管人	存放地点
单位名称:				编制:			审核:			日期:	

表 C.0.3 试验仪器设备检定/校准证书有效性评价记录表

<table>
<tr><td>仪器设备名称</td><td></td><td>仪器设备编号</td><td></td></tr>
<tr><td>仪器设备型号</td><td></td><td>制造厂商</td><td></td></tr>
<tr><td>检定/校准机构</td><td></td><td>检定/校准日期</td><td></td></tr>
<tr><td>检定/校准证书号</td><td colspan="3"></td></tr>
<tr><td>评审内容</td><td colspan="3"></td></tr>
<tr><td>评审结果</td><td colspan="3">结果处理:□合格 □准用
□停用 □维修 □其他________
验证人: 年 月 日
审核人: 年 月 日</td></tr>
<tr><td>备注</td><td colspan="3"></td></tr>
<tr><td colspan="4">单位名称:</td></tr>
</table>

表 C.0.4 场所设施与环境信息表

<table>
<tr><td colspan="2" rowspan="2">环境项目</td><td colspan="2">土工试验</td><td colspan="2">岩石试验</td><td colspan="2">水分析试验</td></tr>
<tr><td>测量值</td><td>是否符合试验要求</td><td>测量值</td><td>是否符合试验要求</td><td>测量值</td><td>是否符合试验要求</td></tr>
<tr><td rowspan="2">工作环境</td><td>温度</td><td></td><td></td><td></td><td></td><td></td><td></td></tr>
<tr><td>相对湿度</td><td></td><td></td><td></td><td></td><td></td><td></td></tr>
<tr><td colspan="8">单位名称: 填写人: 日期:</td></tr>
</table>

附录D　常用仪器设备校准要求

仪器设备名称	校准参数	精度要求
固结仪	压力	±1%FS
	位移	±0.01 mm
电子天平	质量偏差	满足Ⅰ～Ⅲ级
恒温干燥箱	温度	±2 ℃
应变控制式直剪仪	位移	±0.01 mm
	测力环变形率	应合格
应变控制式三轴仪	压力	±1%FS
	位移	±0.01 mm
无侧限压缩仪	位移	±0.01 mm
	测力环变形率	应合格
液塑限联合测定仪	锥质量	±1 g
	锥角	±1°
渗透仪	密闭性	常压下不泄漏
	分度值	±1 mm
标准筛	孔径	平均尺寸偏差满足要求
密度计	分度值	±0.5 mm
量筒	分度值	±10 mL
温度计	温度	±1℃
温湿度计	温度	±1℃
	湿度	±2%RH

续 表

仪器设备名称	校准参数	精度要求
岩石压力试验机	压力	±1%FS
	位移	±0.01 mm
分光光度计	波长	应满足 0.1 级要求
	光谱	应满足 0.1 级要求
酸度计	示值误差	应合格
	重复性	应合格

附录E 各项土工试验记录表

表E.0.1 土工试验单孔工作量报验表

工程名称：　　　　　　　　　　　　　　工程编号：

<table>
<tr><td>孔号</td><td colspan="4"></td></tr>
<tr><td colspan="3">试验日期：　　年　　月　　日</td><td colspan="2">试验地点：</td></tr>
<tr><td rowspan="10">试验工作量</td><td>含水率　组</td><td>三轴 UU　组</td><td>饱和吸水率　组</td><td>水质简分析＋侵蚀性　组</td></tr>
<tr><td>天然密度　组</td><td>三轴 CU　组</td><td>抗剪断试验　组</td><td>其他试验：</td></tr>
<tr><td>液塑限　组</td><td>有机质　组</td><td>三轴压缩强度试验　组</td><td></td></tr>
<tr><td>颗分（筛分）　组</td><td>灵敏度　组</td><td>岩石静弹性模量、泊松比　组</td><td></td></tr>
<tr><td>颗分（密度计）　组</td><td>无侧限　组</td><td>点荷载　组</td><td></td></tr>
<tr><td>固结试验　组</td><td>渗透试验　组</td><td>岩石比重　组</td><td></td></tr>
<tr><td>固结系数　组</td><td>土壤易溶盐　组</td><td>岩石饱和/天然/干燥密度　组</td><td></td></tr>
<tr><td>前期固结压力　组</td><td>岩石矿物鉴定　组</td><td>岩石单轴饱和/天然/干燥抗压强度　组</td><td></td></tr>
<tr><td>直接快剪　组</td><td>岩石波速试验　组</td><td>岩石抗拉强度试验　组</td><td></td></tr>
<tr><td>固结快剪　组</td><td>吸水率　组</td><td>氧化还原电位　组</td><td></td></tr>
<tr><td colspan="5">试验单位：
试验负责人：　　　　　　　　　　　　日期：　　年　　月　　日</td></tr>
</table>

表 E.0.2 土样送样单

工程名称：　　　　　　　　　　工程编号：　　　　　　　　　　第　页　共　页

试验编号*	土样编号	野外定名	取样起止深度（米）	取样人	土样类型	测试项目																			
					原/扰	含水率 w	密度 ρ	比重 G_s	液限 w_L 塑限 w_P	压缩系数 a_{v1-2}	直剪固快 c、φ	直剪快剪 c、φ	三轴UU c、φ	三轴CU c、φ	P_c	C_v	C_h	垂直渗透 k_V	水平渗透 k_H	无侧限 q_u	颗分	K_0	有机质 W_u	压缩加级	备注

注：(1)带 * 的由试验室填写，其他由客户填写，双方确认后签字；(2)试验其他要求（√选，可另附页）：□GB/T 50123　□其他

送样日期：　　　　　　送样人：　　　　　　电话：　　　　　　送样单位：

报告发送方式（√选）：□自取　□电子版发送（邮箱或 QQ 号：　　　　）　□其他方式

收样日期*：　　年　　月　　日　　收样人*：　　　　　　电话：　　　　　　测试单位*：

表 E.0.3 水样送样单

工程名称： 工程编号： 第 页 共 页

试验编号*	水样编号	取样地点	取样起止深度（米）	取样人	测试项目								备注
					水样体积（mL）	水样透明度	水样颜色	气味	水源种类	简分析	侵蚀性 CO_2		

注：(1)带 * 的由试验室填写，其他由客户填写，双方确认后签字；
(2)试验其他要求（√选，可另附页）：□GB/T 50123 □其他

送样日期： 送样人： 电话： 送样单位：
报告发送方式（√选）：□自取 □电子版发送（邮箱或 QQ 号： ） □其他方式
收样日期*： 年 月 日 收样人*： 电话： 测试单位*：

表 E.0.4 岩样送样单

工程名称：　　　　　　　　　　工程编号：　　　　　　　　　　第　页　共　页

试验编号*	岩样编号	岩石名称	取样起止深度（米）	取样人	岩芯鉴定	岩性描述	测试项目														
							长度	宽	高	直径（mm）	干湿度	重度	比重	吸水率	膨胀	抗压强度			点荷载试验		备注
																天然	干燥	饱和			

注：(1)带 * 的由试验室填写，其他由客户填写，双方确认后签字；(2)试验其他要求（√选，可另附页）：□GB/T 50266　□其他

送样日期：　　　　送样人：　　　　电话：　　　　送样单位：

报告发送方式（√选）：□自取　□电子版发送（邮箱或 QQ 号：　　　　）　□其他方式

收样日期*：　　年　月　日　　收样人*：　　　　电话：　　　　测试单位*：

表 E.0.5 土样描述记录表

工程名称： 试验室工程编号： 第 页 共 页

试验编号	试样定名							颜色									状态		结构强度			均匀性			层理及包含物等					细粒含量	备注
	淤泥质土	粉质黏土	黏土	黏质粉土	砂质粉土	砂土	圆砾角砾	灰色	灰黄色	灰褐色	黄褐色	褐黄色	灰黑色	灰兰色	灰绿色	灰白色	I_P	I_L	好	较好	差	均匀	较均匀	不均	贝壳	腐植质	铁锰质	夹粉质黏土薄层	夹粉土薄层		

记录者： 校核者： 开土日期： 年 月 日

表 E.0.6 物性试验记录表

试验室工程编号：　　　　　　仪器编号：　　　　　　仪器状况：

执行标准：　　　　　　　　　　　　　　　　　　　　第　页　共　页

试验方法	环刀法		烘干法		
试验编号	密度(ρ)试验		含水率(w)试验		
	试样体积 V(60 cm^3)		盒号	土质量(g)	
	环刀号	湿土质量 m(g)		湿土 m_0(g)	干土 m_1(g)

试验者：　　　　　　　　　校核者：　　　　　　　　试验日期：　　年　月　日

表 E.0.7 比重试验记录表

试验室工程编号： 仪器编号： 仪器状态：

执行标准： 第 页 共 页

试验编号	比重瓶号	温度（℃）	液体比重 G_{kT}	干土质量 m_d(g)	比重瓶、液总质量 m_{bk}(g)	比重瓶、液、土总质量 m_{bks}(g)	比重 G_s	平均比重 $\overline{G_s}$	备注
		(1)	(2)	(3)	(4)	(5)	$(6)=\frac{(3)}{(3)+(4)-(5)}\times(2)$		

试验/计算者： 校核者： 试验日期： 年 月 日

表 E.0.8 界限含水率试验记录表（液、塑限联合测定法）

试验室工程编号：　　　　　　　　仪器编号：　　　　　　　　仪器状况：

执行标准：　　　　　　　　　　　　　　　　　　　　　　第　页　共　页

试验编号	圆锥下沉深度（mm）	盒号	湿土质量(g)	干土质量(g)	含水率（%）	液限（%）	塑限（%）	塑性指数
			(1)	(2)	(3)=[(1)/(2)－1]×100	(4)	(5)	(6)=(4)－(5)

试验者：　　　　　　　　　　校核者：　　　　　　　　试验日期：　　年　　月　　日

表 E.0.9 液限、塑限试验记录表(滚搓塑限法)

试验室工程编号：　　　　　　　　　　仪器编号：　　　　　　　　　　仪器状态：

执行标准：　　　　　　　　　　　　　　　　　　　　　　　　　　　　第　页　共　页

试验编号	液限(w_L)试验				塑限(w_P)试验			
	盒号	土质量(g)		w_L(%)=[(1)/(2)−1]×100	盒号	土质量(g)		w_P(%)=[(3)/(4)−1]×100
		湿土(1)	干土(2)			湿土(3)	干土(4)	

试验者：　　　　　　　　　　校核者：　　　　　　　　　　试验日期：　　年　　月　　日

表 E.0.10　固结试验记录表

试验室工程编号：　　　　　　　　　　　　　　　　　　　　　　　　　　第　页　共　页

试验编号：　　　　　　　　　　　　仪器编号：　　　　　　　　　　　　执行标准：

环刀号：　　　　　　　　　　　　　仪器状态：　　　　　　　　　　　　试验方法：

压力(kPa) / 百分表读数(mm) / 历时(h)												
1												
24												
各级压力下孔隙比												

试验编号：　　　　　　　　　　　　仪器编号：

环刀号：　　　　　　　　　　　　　仪器状态：　　　　　　　　　　　　试验方法：

压力(kPa) / 百分表读数(mm) / 历时(h)												
1												
24												
各级压力下孔隙比												

试验者：　　　　　　　　　　　　　校核者：　　　　　　　　　　　　　试验日期：　年　月　日

表 E.0.11　直接剪切试验记录表

试验室工程编号：　　　　执行标准：　　　　第　页　共　页

仪器编号	仪器型号	应力环系数(kPa/0.01 mm)				仪器状况		备注
试验编号	剪切速率(mm/min)	压力序列(kPa)	剪切方法	仪器编号	百分表读数(0.01 mm)			备注
试验方法说明：1—快剪　2—固结快剪　3—慢剪								
压力序列	1—25　50　75　100 kPa；　2—50　75　100　125 kPa；　3—50　100　150　200 kPa； 4—50　100　200　300 kPa；　5—100　200　300　400 kPa； 其他序列 6：________							

试验者：　　　　校核者：　　　　试验日期：　年　月　日

表 E.0.12 颗粒分析试验记录表(筛析法)

试验室工程编号：　　仪器编号：　　仪器状况：　　执行标准：　　第　页　共　页

试验编号：				试样总质量(g)：					细筛分质量(g)：		
粒径(mm)	>60	60～40	40～20	20～10	10～5	5～2	2～1	1～0.5	0.5～0.25	0.25～0.1	0.1～0.075	<0.075
留筛土质量(g)												
试验编号：				试样总质量(g)：					细筛分质量(g)：			
粒径(mm)	>60	60～40	40～20	20～10	10～5	5～2	2～1	1～0.5	0.5～0.25	0.25～0.1	0.1～0.075	<0.075
留筛土质量(g)												
试验编号：				试样总质量(g)：					细筛分质量(g)：			
粒径(mm)	>60	60～40	40～20	20～10	10～5	5～2	2～1	1～0.5	0.5～0.25	0.25～0.1	0.1～0.075	<0.075
留筛土质量(g)												

试验者：　　校核者：　　试验日期：　年　月　日

表 E.0.13 颗粒分析试验记录表(密度计法)

试验室工程编号： 仪器编号： 仪器状况：

执行标准： 试验编号： 第 页 共 页

记录时间	测读时间(min)	读数	温度(℃)	烧瓶号：		量筒号：	
	0.5			干土质量： 克			
	1			筛径(mm)	留筛土质量(g)	筛径(mm)	留筛土质量(g)
	2						
	5			60		0.25	
	15			40		0.1	
	30			20		0.075	
	60			10			
	120			5			
	180			2			
	360			1			
	1440			0.5			

试验编号：

记录时间	测读时间(min)	读数	温度(℃)	烧瓶号：		量筒号：	
	0.5			干土质量： 克			
	1			筛径(mm)	留筛土质量(g)	筛径(mm)	留筛土质量(g)
	2						
	5			60		0.25	
	15			40		0.1	
	30			20		0.075	
	60			10			
	120			5			
	180			2			
	360			1			
	1440			0.5			

试验者： 校核者： 试验日期： 年 月 日

表 E.0.14 三轴压缩试验记录表

第　页　共　页

试验室工程编号		试验编号	
试验方法		试样直径 D_1	cm
围压 σ_3	kPa	试样高度 h_0	cm
剪切速率	mm/min	固结前土质量	g
仪器编号		固结后土质量	g
测力计率定系数	N/0.01 mm	固结后排水量	cm^3
试验依据		破坏主应力差	kPa

序号	轴向变形 Δh (0.01 mm)	测力计表读数 R (0.01 mm)	孔隙压力 (kPa)	轴向应变 (%)	主应力差 (kPa)	大主应力 (kPa)	小主应力 (kPa)	$(\sigma_1-\sigma_3)/2$ (kPa)	$(\sigma_1+\sigma_3)/2$ (kPa)
破坏描述									

计算结果	总应力黏聚力 c	kPa	总应力内摩擦角 φ	°
	有效应力黏聚力 c'	kPa	有效应力内摩擦角 φ'	°

试验者/计算者：　　　　校核者：　　　　试验日期：　年　月　日

表 E.0.15　无侧限抗压强度试验记录表

试验室工程编号：　　　　　　仪器编号：　　　　　　仪器状态：

试验编号：　　　　　　执行标准：　　　　　　第　页　共　页

土样结构	原状　扰动		土样结构	原状　扰动	
轴向变形量表读数 Δh_i (0.01 mm)	手轮转数	测力计读数 R(0.01 mm)	轴向变形量表读数 Δh_i (0.01 mm)	手轮转数	测力计读数 R(0.01 mm)
备注	测力计率定系数 C：　　N/0.01 mm；试样直径 D：　　cm				
	试样质量：　　g；试样高度 h_0：　　cm				
	$q_u=(C\times R/A_a)\times 10$[其中：10 表示单位换算系数；$A_a=A_0/(1-0.01\varepsilon_1)$；$\varepsilon_1=\Delta h_i/h_0$]				

试验者：　　　　　　校核者：　　　　　　试验日期：　年　月　日

表 E.0.16 渗透试验记录表(常水头法)

试验室工程编号：　　　　　　　仪器编号：　　　　　　　仪器状态：

执行标准：　　　　　　　　　　　　　　　　　　　　　第　页　共　页

试样编号	开始时间 t_1 (min)	终了时间 t_2 (min)	经过时间 t(s)	测压管水位(cm)			渗透水量 (cm^3)	平均水温 T(℃)
				Ⅰ管(h_1)	Ⅱ管(h_2)	Ⅲ管(h_3)		
备注	$k_T=2QL/[At(H_1+H_2)]$(cm/s)(其中 $t=t_2-t_1$　$H_1=h_1-h_2$　$H_2=h_2-h_3$) $k_{20}=\eta_T/\eta_{20}k_T$(cm/s)							
	试样面积 A(cm^2)：　测压孔间距 L(cm)：　试样高度 H(cm)： 土料比重 G_S：　孔隙比 e：							
	试样说明：							

试验者：　　　　　　　　校核者：　　　　　　　试验日期：　　年　月　日

表 E.0.17　渗透试验记录表(变水头)

试验室工程编号：　　　　仪器状态：　　　　执行标准：　　　　第　页　共　页

试样编号	试样方向	仪器编号	开始时间 t_1 (h:min:s)	终了时间 t_2 (h:min:s)	开始水头 H_1 (cm)	终了水头 H_2 (cm)	温度 (℃)
	k_V k_H						
	k_V k_H						
	k_V k_H						
备注	$k_T=2.3aL/[A(t_2-t_1)]\lg(H_1/H_2)$(cm/s)　$k_{20}=\eta_T/\eta_{20}k_T$(cm/s)						
	测压管断面积：$a=$　　　cm²　试样面积：$A=$　　　cm² 试样长度：$L=$　　　cm						
	试样说明：						

试验者：　　　　　　　　　　校核者：　　　　　　　　　试验日期：　　年　月　日

表 E.0.18 有机质试验记录表(重铬酸钾容量法)

试验室工程编号： 执行标准： 第 页 共 页

试验编号	土样编号	烘干后土样质量 m_s(g)	硫酸亚铁标准溶液滴定(mL)			减去空白后量(mL)	有机质含量($g \cdot kg^{-1}$)
			初	始	消耗量 V_{FeSO_4}		
硫酸亚铁标准溶液标定(mL) V'_{FeSO_4}	吸取 mol/L 毫升数 V_1						
		$C_{FeSO_4}=\frac{C_{(1/6K_2Cr_2O_7)}\times V_1}{V'_{FeSO_4}}=$ mol/L					
计算公式：有机质($g \cdot kg^{-1}$)$=\frac{0.003\times 1.724\times C_{FeSO_4}(V'_{FeSO_4}-V_{FeSO_4})}{m_s\times 10^{-3}}$							

试验/计算者： 校核者： 试验日期： 年 月 日

表 E.0.19 有机质试验记录表(灼失量法)

试验室工程编号： 仪器编号： 仪器状况： 第 页 共 页

试验编号	坩埚号	质量(g)			烧灼减量(%)	
		坩埚	烧前土加坩埚	烧后土加坩埚	烧灼减量	均值
		m_1	m_2	m_3	Q	$\overline{Q}$

注：$Q=(m_2-m_3)/(m_2-m_1)\times100\%$

试验者： 校核者： 试验日期： 年 月 日

表 E.0.20　岩石抗压强度试验记录表

工程名称：　　　　　　　　　　　　工程编号：　　　　　　　　　　　　编号：

室内编号	野外编号	试件编号	岩石名称	含水状态	试样尺寸(mm)	破坏荷载(kN)	抗压强度(MPa)			试样描述
					圆柱体或立方体 $D\times H$ 或 $L\times W\times H$		实测值	换算值	平均值	

单位名称：　　　　试验人(签字)：　　　　校对人(签字)：　　　　检查人(签字)：　　　　试验日期：　年　月　日

表 E.0.21 土工试验成果报告表

工程名称：　　　　　　　　　　报告日期：　　　　　　　　　　报告编号：

室内土样编号	野外土样编号	取样深度	颗粒分析大小(mm)							不均匀系数 C_u	曲率系数 C_c	有效粒径 d_{10}	中间粒径 d_{30}	平均粒径 d_{50}	限制粒径 d_{60}	粒径 d_{70}	粒径 d_{85}	粒径 d_{95}	含水率 w	比重 G_s	密度 ρ	干密度 ρ_d	孔隙比 e_0	饱和度 S_r
			石粒	砾粒	砂粒			粉粒	黏粒															
			>20	20～2	2～0.5	0.5～0.25	0.25～0.075	0.075～0.005	<0.005															
		m	%	%	%	%	%	%	%	—	—	mm	mm	mm	mm	mm	mm	mm	%	—	g/cm³	—	%

编制：　　　　　　　　　　校核：　　　　　　　　　　审核：

续表 E.0.21

工程名称：　　　　　　　　　　报告日期：　　　　　　　　　　报告编号：

室内土样编号	野外土样编号	取样深度	液限10 mm	塑限	塑性指数	液性指数	各级压力下孔隙比 e_i									压缩系数 $a_{0.1-0.2}$	压缩模量 $Es_{0.1-0.2}$	快剪(q)		固快(Cq)		慢剪(S)		三轴(UU)	
			w_L	w_P	I_P	I_L	12.5	25	50	100	200	400	800	1600	3200			黏聚力 c	内摩擦角 φ	黏聚力 c	内摩擦角 φ	黏聚力 c	内摩擦角 φ	黏聚力 c	内摩擦角 φ
		m	%	%	—	—	kPa	kPa	kPa	kPa	kPa	kPa	kPa	kPa	kPa	MPa^{-1}	MPa	kPa	度	kPa	度	kPa	度	kPa	度

编制：　　　　　　　　　　校核：　　　　　　　　　　审核：

续表 E. 0. 21

工程名称：　　　　　　　　　　　　报告日期：　　　　　　　　　　　　报告编号：

室内土样编号	野外土样编号	取样深度	总应力(CU)		有效(CU)		各级压力下垂直固结系数 C_v				各级压力下水平固结系数 C_h				先期固结压力 P_c	压缩指数 C_c	回弹指数 C_s	渗透系数		无侧限抗压强度 q_u	重塑土抗压强度 $q_{u'}$
			黏聚力	内摩擦角	黏聚力	内摩擦角	P_i 压力(kPa)				P_i 压力(kPa)							垂直 k_V	水平 k_H		
			c	φ	c	φ	0～50	50～100	100～200	200～400	0～50	50～100	100～200	200～400							
		m	kPa	度	kPa	度	$\times10^{-3}cm^2/s$				$\times10^{-3}cm^2/s$				kPa	—	—	cm/s		kPa	kPa

编制：　　　　　　　　　　　　校核：　　　　　　　　　　　　审核：

续表 E. 0. 21

工程名称：　　　　　　　　　　　　报告日期：　　　　　　　　　　　　报告编号：

室内土样编号	野外土样编号	取样深度	灵敏度 S_t	烧失量	最大干密度 ρ_{dmax}	最优含水率 w_{opt}	回弹模量	各级压力下垂直次固结系数 C_α				各级压力下水平次固结系数 C_α				土定名依规范 GB 50021—2001(2009 版)分　类	颜色
								P_i 压力(kPa)				P_i 压力(kPa)					
								100	200	300	400	100	200	300	400		
		m	—	%	g/cm^3	%	MPa	$\times10^{-3}$				$\times10^{-3}$					

编制：　　　　　　　　　　　　校核：　　　　　　　　　　　　审核：

表 E.0.22 土工试验质量验收表

项目名称：　　　　项目编号：　　　　试验室：　　　　试验人员：

<table>
<tr><th rowspan="2">项目批次/日期</th><th rowspan="2">土样数量</th><th colspan="12">质量评述</th><th rowspan="2">是否符合要求</th><th rowspan="2">项目负责人验收及评定</th></tr>
<tr><th>定名</th><th>含水率</th><th>重度</th><th>比重</th><th>液塑限（联合测定）</th><th>颗分</th><th>固结</th><th>剪切</th><th>特殊试验</th><th>岩、水试验</th><th>原始记录</th><th>后续处置意见</th></tr>
<tr><td></td><td></td><td></td><td></td><td></td><td></td><td></td><td></td><td></td><td></td><td></td><td></td><td>□准确完整
□</td><td></td><td></td><td rowspan="2">质量评定意见：</td></tr>
<tr><td></td><td></td><td></td><td></td><td></td><td></td><td></td><td></td><td></td><td></td><td></td><td></td><td>□准确完整
□</td><td></td><td></td></tr>
<tr><td></td><td></td><td></td><td></td><td></td><td></td><td></td><td></td><td></td><td></td><td></td><td></td><td>□准确完整
□</td><td></td><td></td><td rowspan="2">项目负责人验收(签字)：
年　月　日</td></tr>
<tr><td></td><td></td><td></td><td></td><td></td><td></td><td></td><td></td><td></td><td></td><td></td><td></td><td>□准确完整
□</td><td></td><td></td></tr>
</table>

注：1. 按批次对土工试验各试验项目符合性、数量、原始记录等如实填写评判，后续处置意见填写处理措施。

2. 若原始记录准确完整，请在前面的“□”中打“√”；若原始记录有欠缺，请在后面的“□”中打“√”，并写明欠缺原因。

宁波市工程建设地方细则

宁波市土工试验数字化管理细则

甬 DX/JS 020—2023

条 文 说 明

目　次

1 总 则

1.0.1 随着信息时代的到来，我国数字经济的发展较为迅速，在数字经济迅猛发展的同时，也给人们带来了一定的挑战。党的十九届五中全会明确提出要“加快数字化发展”，并对此作出了系统部署，这是国家科学把握发展规律，着眼实现高质量发展和建设社会主义现代化强国作出的重大战略决策。浙江省在数字经济发展“十四五”规划中提出了构建数字生态，激发主体创新活力、建设数字基础设施，夯实数字经济发展基石等任务。宁波市印发数字化改革“1＋6”方案，明确了宁波数字化改革计划表和路线图。宁波市将打造成为数字化改革先行区、全国数字经济发展高地、全国数字城市发展领先市、全国数字政府建设先行市和数字中国示范城市。

为贯彻省、市关于数字化改革的部署和要求，根据宁波市住房和城乡建设局甬建办发〔2022〕11号文件，为加快推进宁波市勘察企业土工试验数字化改革步伐，在勘察数字化的基础上，尽早全面实现土工试验数字化，推进建成一批全省一流数字化试验室，逐步推行宁波市勘察数字化试验室的全面建设，特制定了本细则。

1.0.2 本细则主要适用于宁波市房屋建筑和市政基础设施领域岩土工程勘察项目的岩石、土、水试验工作及对土工试验室的数字化管理工作，同时在宁波市完成一、二类土工试验室认定的企业开展公路、铁路、水利等岩土工程勘察土工试验工作时，尚应遵循相应行业的规定。

1.0.3～1.0.4 土工试验所用的仪器应符合现行国家标准《岩土工程仪器基本参数及通用技术条件》(GB/T 15406)规定，

并满足《土工试验方法标准》(GB/T 50123)中对试验精度、量程的要求。除主要仪器设备外,土工试验室需要配备满足工作量要求的辅助仪器设备,如环刀、铝盒等。

宁波市一、二类土工试验室的场所、人员、仪器设备、场所设施与环境除应满足本细则外,尚应符合相关法律法规及相应规范、标准的规定。

3 基本规定

3.0.1 根据目前市场情况，勘察的周期往往较短，导致勘察给予土工试验的时间进一步缩短，为满足勘察进度要求，土工试验室在组织试验工作时，应合理配备与试验数量、项目类型和时间要求相应的试验人员、仪器设备及适合的试验场所。

3.0.3 不同的工程建设项目对土工试验项目的要求不同，而不同的规范、规程和标准对土工试验的要求也不完全相同，为避免违规、超出试验室能力范围等不良现象的发生，土工试验室在试验工作开展前应确认试验项目是否符合自身能力，是否与送样单一致。

3.0.4 试验人员数量的多少与试验工作能否顺利进行密切相关，所以试验人员数量成为土工试验过程监管的重点，为确保进入试验场所的试验人员与当天开土及试验数量相匹配，要求土工试验室试验人员在当日的试验工作开始前进行一次身份验证。

3.0.6 土工试验原始数据包括试验设备自动获取数据及非自动获取数据，试验获得的原始数据严禁修改，并要求每批次土工试验原始数据应在本批次试验项目全部完成的当天上传至工程勘察质量监管系统。成果数据指土工试验成果表。

4 人员管理

4.1 人员基本配备

4.1.2 本条规定中，对一类土工试验室人员数量要求较高，旨在创建一批高标准的数字化土工试验室，引领宁波市土工试验的数字化发展方向，同时也为了满足其不但要完成本单位的土工试验工作，而且可以对外承接相应土工试验业务的要求。

4.2 土工试验室技术负责人

4.2.2 随着轨道交通、地下管廊、城市隧道等大型复杂项目的增多，涉及的深大基坑越来越多，工程对特殊性土工试验要求也越来越高。此类项目的土工试验工作往往由一类土工试验室承担，因此要求一类土工试验室技术负责人具有丰富的试验经历和审核经验，为此，本条规定对一类土工试验室技术负责人提出了较高的要求。

4.4 试验人员

4.4.3 试验室新试验人员入职前，应经过技能培训和试验室管理制度培训，经考核合格后方可进行土工试验；已经取得上岗资格的试验人员，仍需要不定期的参加试验室内部及外部机构组织的土工试验培训，保持试验人员能力，试验室应保留相关记录。

5 设备管理

5.1 仪器设备配置

5.1.1 标准物质包括各类试验所需要的具备一个或多个确定的特性值的物质或材料。如标准化学物质、砝码等。

辅助设备应具备良好的质量和持久性。如空气压缩机应保证长时间供气，并保持气压稳定。

5.2 仪器设备台账

5.2.1 仪器设备信息有变化时，设备台账应及时更新。

5.2.4 试验室代码按宁波市住房和城乡建设局提供的统一编号，仪器设备代码按仪器设备类型统一采用三位编码，仪器设备编号统一采用三位数字编号。例：试验室代码为NB-B02，仪器设备类型为岩石试验压力机，编码为

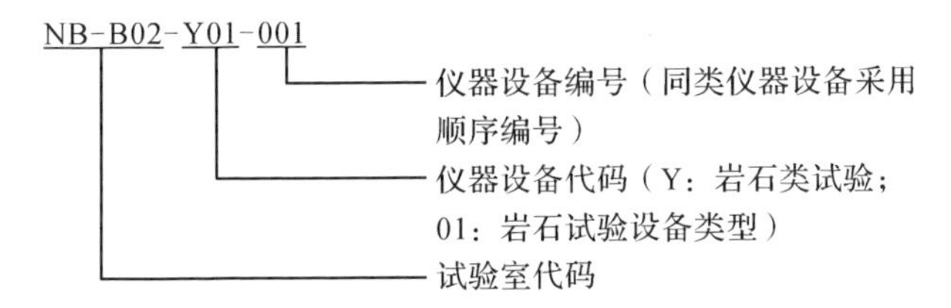

5.2.5 仪器设备的管理标识需要一台一标识，标识处于容易见到的位置。保持标识的可辨识性，损污要及时更换。

5.3 仪器设备检定/校准

5.3.1 依据国家现行的有关法规、计量标准的要求，土工试验所用的仪器设备应定期检定或校准。

5.3.2 土工试验室需要检定或校准的仪器设备主要是指对试验结果有影响的仪器设备。检定、校准或自校的周期首先应依据国家现行的有关法规、计量标准的要求进行，没有具体要求的应根据仪器设备使用频率和精度要求自行制定符合实际情况的自校周期。如环刀、铝盒可采取定期检查的方式，与相关规范、规程或标准进行对照，判定是否满足试验要求，并填写检查记录。

5.3.4 对检定或校准的有效性评价是判断证书是否合理、有效，以及判断所涉及的仪器设备是否满足使用要求的重要依据。

对证书的评价可从以下几个方面进行：

1 确认证书基本信息的完整情况，如仪器设备名称、型号/规格、出厂编号、送检单位及地址、证书编号、证书的相关责任人员签名等。

2 校准的依据、标准器信息、校准结果的完整性和有效性等。

3 校准机构资质中的校准范围是否涵盖本校准证书中的参数。

5.3.5～5.3.7 土工试验室应对使用频率较高，关键性能、量值易发生变化的仪器设备进行期间核查，这是重要的质量控制手段。设备管理员根据仪器设备的核查方式建立核查计划书。核查内容可以从有效期、储存条件和环境要求、外观、特征量值的准确性和溯源等方面进行。

根据房屋建筑工程和市政基础设施领域土工试验项目特点，以下列表中仪器设备需定期开展期间核查工作，其他未列入的仪器设备依据实际情况适时进行：

序号	仪器设备名称	序号	仪器设备名称
01	电子天平	04	酸度计
02	电热恒温干燥箱	05	标准物质
03	液塑限联合测定仪	……	

6 场所设施与环境

6.1 场所设施

6.1.4～6.1.6 本条规定目的是保护试验人员的身体健康，防止职业病的发生。

根据土工试验项目的不同，对有粉尘的试验，如土壤筛设备应设置通风、防尘设施；对振动较大的设备，如击实仪、压力机设备应设置减振、隔离设施；对高温加热设备，如恒温干燥箱、高温加热设备应采取有效的措施，防止灼伤。

6.2 场所环境

6.2.2 本条中对试验工作环境只是做了一个基本的规定，实际操作中还应根据试验项目的具体环境要求按相关规范、规程和标准执行。

6.3 危险化学试剂管理

6.3.1～6.3.7 危险化学试剂往往具有易燃易爆、有毒有害、腐蚀性强等特性，因此不管是储存还是搬运使用过程中，都存在着许多危险因素。为确保试验过程的使用安全，以及杜绝流入社会的渠道和引起公共事故的风险，保障试验人员安全和社会面的安全，特制定本节条款。各土工试验室应严格执行，同时，本节制定的条款为框架性条款，土工试验室还应制定更加细化的管理规定，确保人民的生命和财产安全。

7　数据入库

7.5　数据文件管理

7.5.1　批次总文件夹中工程编号与工程勘察质量监管系统中勘察项目工程编号一致，批次为该项目试验批次，采用三位数字编码，不足三位时用“0”补齐。

例如：勘察编号为“2022 勘察 121”，试验批次为第三批，则上传总文件夹名称为“2022 勘察 121003”。

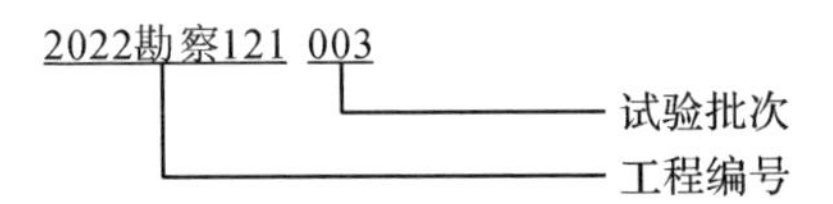

7.5.2～7.5.4　同一批次总文件夹内按照试验分项设置子项文件夹，子项文件夹编号按照表 7.5.2 表中试验项目对应的编号进行命名，子项下直接为具体入库文件。

例如：总文件夹名称为“2022 勘察 121003”，本批次试验内容原始数据为：土样描述记录、物性试验记录、比重试验记录、界限含水率记录，则文件夹设置为：2022 勘察 12100301、2022 勘察 12100302、2022 勘察 12100303、2022 勘察 12100304。